动物园里的朋友们

（第三辑）

我是长尾猴

［俄］鲍·格拉切夫斯基 / 文

［俄］尤·斯米尔诺夫 / 图

关俊博 / 译

江西美术出版社

全国百佳出版单位

长尾猴的身高
是 **45~60** 厘米，
只有你们一半高，也可能不到
你们身高的 **1/3**。

2

我是谁?

　　我是一只长尾猴,是公的,也就是你们说的小男孩。所以,我可以像个男孩子一样,大大方方地跟你打招呼:"你好!很高兴认识你!"

　　我来介绍一下自己吧!我又聪明又好看,这可是公认的。我太太太太奶奶那会儿,动物之王——狮子突然决定把他的臣民,也就是各种动物分成不同的类别。于是,狮子召来了所有的动物,命令他们自己分成两组:长得漂亮的往右走,头脑聪明的往左走。其他动物都乖乖地找到了自己的位置。只有一只长尾猴(哈哈,就是我的太太太太奶奶啦)一动不动地站在中间。狮子催促她说:"你怎么回事?赶紧选一组啊!"而我的太太太太奶奶回答说:"我能怎么办?我要是会分身术就好了!我又漂亮又聪明,不站中间站哪儿呢?"哈哈,我完美地继承了太太太太奶奶的优秀基因:我又聪明又帅气,所有动物都嫉妒我!

3

长尾猴很长寿，
有的能活到 **50** 岁。

我们的居住地

你以为，长尾猴只在马戏团驯兽员的陪伴下生活吗？嗯，我们当中的确有一些长尾猴决定住在人类的身边，所以他们搬去了马戏团、动物园或动物剧院。但是数量并不多，大多数长尾猴更喜欢自由自在的生活。

我在非洲有一大群亲戚，我的表兄弟们生活在中国，还有叔叔阿姨们生活在日本。所以说，整个南亚和东南亚都有我的堂表兄弟姐妹（也就是你们人类说的二三代以内旁系血亲），还有一些远房亲戚。所以，你知道吗？无论你去哪里，都可以碰到我们长尾猴家族的成员！

你可不要缠着我们长尾猴。只有生活在动物剧院的长尾猴比较温顺听话，因为他们非常熟悉人类，所以总是高高兴兴地迎接游客。但野生的长尾猴可不认识你，也不知道你想对他们做什么。所以，你要是碰他，他可能会挠你、咬你，或者动手打你。这可不是因为他是个小坏蛋，他只不过是想保护自己。所以你最好就远远地看看他，不要伸手去碰他。

我们的毛发

　　不同品种的长尾猴毛发颜色也不同，但是都很漂亮：有黑色的、灰色的、棕色的、橄榄色的、银色的、红色的，甚至还有绿色的（这种就直接叫作绿长尾猴）。有些长尾猴有鬃毛，有些有胡子，还有一些有长长的须。有一些长尾猴非常漂亮，简直令人着迷！嗨，来欣赏欣赏白臀长尾猴的美貌吧：她有一身灰色的绒毛、红褐色的后背、黑色的四肢、白色的头顶。还有，她有白色的"胡子"，额头上有一块橙色的斑点，白色的眼皮、黑色的眉毛。如果是一只小公猴，那他还有蓝色的脸颊！而狄安娜长尾猴是大家公认的选美皇后：她的胸前有白色的绒毛，后背是紫色的，肚子是奶油色的，手臂和双腿的内侧是橙色的，臀部还有白色条纹。虽然我们总是嘲笑她像个"鹦鹉"似的，太花哨了，简直不成体统，丢我们猴子的脸！但是，你也知道，我们只不过是嫉妒她的美貌罢了。

每只长尾猴都有一身柔软而浓密的毛发。

长尾猴和人一样，都有 **32** 颗牙齿。

我们的牙齿、爪子和尾巴

毫无疑问，我的尾巴当然特别华丽，而且很有用，不像小猫小狗的尾巴只会左摇右摆。我们长尾猴的尾巴非常有力量！尾巴可以帮助我们从这根树枝跳到那根树枝，从这棵树跳到那棵树！你想想，在你们走路的时候，为了保持平衡，防止摔跤，是不是会摆动双臂呀？哈，明白了吗？我们的尾巴就有这种功能。当然啦，尾巴也是一个可靠的支撑物，就像我们的第三条腿一样——如果我们必须站很长时间，就可以像挂着拐杖一样靠在尾巴上。据说，袋鼠和啄木鸟也会这么做，但是我可没亲眼看到过，所以我表示很怀疑。而且，我的双手简直就是我的骄傲！长尾猴的手长得和人类的很像很像，只不过更有劲，当然也更敏捷。而且，我有四只手，因为其实我的脚也是手。所以，在这四只敏捷而又有力的手的帮助下，我可以非常轻松地抓住树枝。现在，我来给你讲一讲我的核心部位——头！我的头可不仅装满了智慧，还无与伦比的美丽。哈哈，因为在我的头上，有精致的脸；而在我精致的脸上呢，有眼睛、鼻子和嘴。嗯，怎么都这么完美呢！别提我有多自豪了！我的牙齿整齐又洁白……嗯，好吧，是几乎洁白无瑕。但是，它们非常非常坚固！我的牙齿可以咬碎任何一种坚果。

有没有什么东西能让我咬一下！

我们的感官

是的，没错，我们的嗅觉不是很好，但是听觉和视觉非常棒：我们可以听见森林里的各种声音，看一眼就能确定哪根树枝能让我们跳过去。隔着很远的距离就能看出来哪些水果成熟了，根本不需要捏一捏、摸一摸，或者咬一口！我们什么都知道，什么都能看到，这也太酷了吧！实际上，我们长尾猴有一个弱点，那就是我们的好奇心太重了！我承认，这当然不好，但是我也控制不住自己呀！我们的好奇心可以战胜一切，有时候甚至宁愿饿着肚子，也要满足自己的好奇心。如果我们看到有什么东西闪闪发光或者非常耀眼，马上就禁不住诱惑了，肯定会一把抓住，迅速带走，然后把这宝贝藏起来。我也不知道这么做是为了什么，也不知道拿这宝贝要干吗，就是出于好奇，忍不住呀！每当我看到一些之前从没看到过的新鲜玩意儿，就好像无形之中有一股神秘的力量在推着我往前走。就这样，再次一把抓住，迅速带走，然后把它藏起来！当然啦，我感到不好意思，只是管不住自己！如果长尾猴能像人一样脸红，那我肯定会脸红的！但是，我们也有长处：我们是世界上最会扮鬼脸的动物，没人能比得上我们！当然啦，大家都知道，哈哈！所以，如果你在动物园遇到我们长尾猴，不要试图跟我们比搞笑，否则你肯定会输得很惨！

即使隔了1米远的距离，长尾猴都能看清楚1粒大米。

灵活的运动员

　　我们长尾猴个个都是灵活的运动员。像什么一样灵活呢？对！就像猴子一样灵活！还有谁能像我们这样优雅地在树枝间翩翩起舞呢？也就只有小鸟了吧！对啦，顺便说一句，你们人类大概以为，我们总是匆匆忙忙的，也不好好选择一下路线，就这么在树上跳来跳去，毫无意义。事实上，我们是经过认真思考的，我们可以非常迅速地计算出最便捷的路线，一次错误都没有犯过！而且，我们不仅在树上非常灵活，在陆地上也一样敏捷！如果有必要的话，我们可以轻轻松松地走个十几千米。如果非常非常有必要的话，我们也会跑，就像你们经常看到的那个样子！跑得最快的长尾猴，速度能达到每小时 50 千米。而且永远都不会被绊倒，也不会摔跤！我们在水里也能镇定自若。哈哈，我们可是游泳健将，甚至还可以潜水！也就是说，我们还是优秀的潜水员。我们可以轻松地游过小河，在大海里自由自在地嬉戏玩耍，还能勇敢地从树顶或是陡峭的河岸跳到水里！不仅如此，我们在水下也可以看得清清楚楚。我这么棒，你们有谁能比得过我吗？

长尾猴能够辨别不同的颜色。

我们的食物

　　现在，我来给你们讲一讲长尾猴喜欢吃什么。首先，我要警告你，我们可不喜欢吃你们的碎麦片粥。但我们非常喜欢吃香蕉，这点倒和你们一样。实际上，我们会吃树上长的所有东西，比如各种水果和坚果。陆地上长的蘑菇，我们也特别喜欢吃。在特别饿、特别想吃东西时，我们连花也吃！能吃的可不止这些，我们还吃小型的啮齿动物和各种小昆虫，数都数不过来！所以，我们被称为杂食动物。只要是能弄到的食物，我们都会吃掉，完全不挑食。当然啦，不同的长尾猴喜欢的美食也不一样，有些喜欢吃胡萝卜（他们总在菜园子里偷胡萝卜吃），还有一些没螃蟹吃就不能活，所以他们总是连续好几天在海边抓螃蟹。但是，几乎所有的长尾猴都喜欢吃洋葱，想不到吧？虽然我们会一边吃一边哭，因为洋葱有点儿辣眼睛，但我们还是想吃。因为我们喜欢呀！不，应该说，我们特别特别喜欢吃！如果长尾猴已经吃得很撑，再也吃不下去了，他就会把好吃的东西塞到嘴里，什么时候能吃进去时再吃。如果嘴里也塞满了，好吧，他就会等到夜幕降临的时候，悄悄地把好吃的全都藏起来。

我们睡觉的地方

　　我们不筑巢，也不盖房子，而是选择比较舒适的大树作为自己的家。这样，我们就可以在茂密的树叶之间睡觉。更准确地说，我们就可以坐在树上啦！通常，我们把身子舒服地靠在树干或者粗壮的树枝上，坐着睡觉——简直太惬意啦！要是几只长尾猴互相抱着，紧紧地挤成一团儿，那就更舒服啦！因为这样更柔软、更暖和。毕竟在我们这儿，早上可是相当冷呢！有多冷呢？这么和你说吧，早上我们明明已经醒了，也不着急动弹，就像冬天的早晨你们不愿意从被窝里出来一样。我们抱团儿睡觉的时候，总有一些科学家站在树底下数我们一共有多少条尾巴。因为我们彼此紧紧地抱在一起，后腿都被挡住了，只有尾巴会垂下来。而科学家呢，出于某种原因，需要知道一棵树上可以同时容纳多少只长尾猴。

长尾猴通常在晚上睡觉，平均一天能睡 7~10 个小时。

16

我们的长尾猴宝宝

　　我的妈妈只生了我一个。我们长尾猴很少有双胞胎，更别说三胞胎了。为什么呢？你想想，脖子上挂着两个或者三个孩子，长尾猴妈妈还怎么自如地在树林间穿梭？要知道，我们长尾猴宝宝一出生就紧紧地抱住妈妈，然后妈妈就带着我们活动啦！好在我们刚出生的时候很轻，也就几百克，所以妈妈不会感觉很吃力。但是，她还是会遇到很多麻烦。因为，她必须时时刻刻地看好宝宝，不能让他走丢了、跌倒了，或者干出点儿什么蠢事。所有的长尾猴，即便是非常非常小的长尾猴，都能够看到（我们刚出生的时候，眼睛就是睁开的啦）、听到，而且非常调皮。而爸爸呢，基本上帮不到妈妈，因为他还有许多重要的事情要做……好吧，没关系。不过，妈妈的朋友们可以帮忙。如果妈妈累了，她们总是愿意陪宝宝一起玩，或者帮忙照顾宝宝。总的来说，我们猴子家庭中的每个成员都会非常温柔地对待孩子，即使是非常严厉、非常严格的领导者也不会发火。如果有一些孩子不懂礼貌，领导者就会没收他的食物，让他知道犯错是会受到惩罚的。

白天的时候，长尾猴玩耍、吃饭、聊天。

刚出生的小长尾猴，大概和一杯牛奶差不多重。

19

我们的天敌

　　我们非常喜欢天然的森林和丛林。在这里，通常5~30只长尾猴组成一个小团体共同生活。最少也得5只，不能更少了。每一个小团体中都有一位领导者，当然是最强壮、最聪明的那个才能担此重任哦。你明白我的意思了吗？我就是那个最强壮、最聪明的！如果我们小团体里有谁不听话，那他可不会有好果子吃！所以，我们的小团体总是秩序井然。我记得，小时候妈妈教过我：如果在陆地上，就要小心猎豹、土狼和豺狗；如果在水里，就要小心鳄鱼和巨蜥；如果坐在树枝上，就要小心大型的猛禽和灵巧的野猫……还有，无论在哪里，都要特别小心人类，别被他们抓到动物园去了。领导者是最辛苦的！因为大家休息的时候，他需要保持警惕观察四周；大家玩耍的时候，他需要监视周围的环境。一旦发现危险，他就会立刻发出特殊的信号。这样，大家就能马上知道猎豹在接近我们，或者鳄鱼在朝我们爬过来……在面对不同的危险时，我们逃生的方法也大有不同。如果来的是鳄鱼，我们就藏到树枝上；相反，如果来的是猎豹，我们就会躲到水里，等他走了再上岸。

现在，生活在大自然中
的野生长臂猿数量
只有 30 年前的一半了。

我们和人类

世界上有的人很大胆，居然敢把我们长尾猴带回自己家。他们大概以为，我们像小猫小狗一样听话吧！我警告你啊，要是把我们养在家里，可不会有什么好下场！因为，只要主人一离开家，我们马上就会变成小恶魔。我们开始在房间里上蹿下跳，在窗帘上荡秋千，或者打开冰箱，把里面能吃的东西一个个全都拽出来，然后挨个咬一口，看看哪些可以吃，哪些不能吃。然后你的家里就会变得一团糟。所以说，最好还是让我们待在热带雨林中，在那里，我们就可以自由自在地在树藤间跳来跳去。是时候告诉你我们非常非常不喜欢做什么啦。虽然你肯定会觉得很奇怪，但我们真的特别不喜欢被人类强迫着合影。我问你，如果有人把你抓起来，逼迫你做一些你不喜欢做的事，还总想摸摸你，甚至还要求你笑一笑，你能开心吗？相信我，这么做真的很讨厌！所以我求求你，如果有一天，你看到我们长尾猴坐在拿着照相机的叔叔的肩膀上，希望你不要被他迷惑了，你应该立刻告诉他："不，我根本不想拍照！"长尾猴们一定会非常非常感谢你的。即便我们不会开口说话，但是心里真的在默默地感谢你！

长尾猴需要生活在自己的猴子家庭中，如果非要让它住在人类的家里，对它来说简直是一种煎熬。

你知道吗？

大约在 **5000** 万年以前，
地球上出现了 第一批猴子。

它们是猴子的远房亲戚，生活在树上，以昆虫为食，看起来像棕色的小松鼠，长着一条毛茸茸的小尾巴。顺便说一下，它们非常轻，大概和五块糖加起来那么重。这些动物被称为"普尔加托里猴"。

但是，长尾猴的祖先
出现的时间可晚得多，
大约是在 **500** 多万年以前！

生活在 2000 多年前的古希腊哲学家亚里士多德非常熟悉猴子，他甚至还写了世界上第一篇关于长尾猴的科学文章。在这篇文章里，他把长尾猴称为"有尾巴的猴子"。

俄语中的"长尾猴"一词
来自一位叫作马丁的男人。
为什么用马丁的名字给长尾猴命名呢？
科学家们至今都没搞明白。

在古代欧洲，长尾猴经常被当作宠物饲养。无论国王还是将军，无论富人还是穷人，都喜爱长尾猴。海员们也特别宠爱长尾猴，因为长尾猴各种逗人的小把戏可以缓解海员们远离家乡、长途跋涉的悲伤。

非洲的许多国家都有
关于长尾猴起源的传说。
这些传说的内容都非常相似。

据说，在远古时代，敌人袭击了非洲一个遥远的村庄。为了拯救部落成员，巫师把所有的居民都变成了长尾猴，但是没法再把他们变回人了。所以，根据传说，人类必须尊重长尾猴，因为曾经长尾猴也是人。

这个传说有一部分是真的，
因为从科学的角度来说，人和长尾猴
都属于同一目——灵长目！

你能想得到吗？我们人类和猴子是近亲！就像人类一样，所有的猴子都各不相同。它们有些大，有些小；有些重，有些轻；有些开心，有些难过；有些善良，有些暴躁。那些喜欢对一切事物进行分类的科学家将长尾猴分成了将近20个不同的品种。

让我们近距离地接触一些
长尾猴吧！先从绿猴开始。

不，不，你别以为我说错了，我可没说错！只不过，绿猴被称作绿长尾猴。它们的绒毛是灰绿色的，头上还有一个鲜绿色的"小帽子"。它们在体形上比猫大，身长大约50厘米，还有一条长长的尾巴！

绿长尾猴生活在非洲。它们不太喜欢当地的
农民，因为他们总在花园
和田野里干活！

但是一些科学家认为绿长尾猴是一个完全独立的物
种，并不属于长尾猴。关于这个问题，其他的猴子专家和
这些科学家一直都在争论。所以至今，绿长尾猴的种属问
题还没有定论。

但是，所有动物学家都一致同意
长尾猴家族的存在，猴科包括
长尾猴属、狓猴属、狒狒属、灰叶猴属
和疣猴属等，大约 **120** 种哦！

至于青长尾猴，科学家们确定它们确实是长尾猴！它们的皮毛是灰蓝色的，眉毛上方
有一条白色的绒毛，就像皇冠一样。它们也因此有了别名——"加冕长尾猴"。青长尾猴
的身长大约 50 厘米，尾巴也差不多 50 厘米长。

青长尾猴非常胆小谨慎，
一直生活在树上，很少到地面来。

你觉得，长着一身金色毛皮的长尾猴叫作什么呢？哈哈，当然叫作金长尾猴啦！它们
也生活在非洲，但是只住在两个国家公园里。游客们会专程到那里看野生的金长尾猴。

这些小美女是如此罕见，
甚至已经被记录在稀有和
濒危动物的红皮书中啦！

长尾猴也有银色的——在非洲乌干达发现的这些长尾猴就叫作银长尾猴。它们栖息于森林，为非洲较常见的猴类。

还有一些长尾猴，
它们有不止两个名字。
看名字你马上就能知道它们长什么样啦。

比如，红尾长尾猴也叫作黑颊白鼻长尾猴。因为，它的尾巴是红色的，鼻子是白色的，脸颊是黑色的。同时，它还有第三个名字——施密特长尾猴，用来纪念伟大的俄罗斯动物学家施密特。

长尾猴中还有一些其他的品种：比如白额长尾猴、
红耳长尾猴、赤腹长尾猴、青长尾猴……
哦对，还有冠毛长尾猴哦！

最令人惊奇的是，动物学家仍在发现长尾猴家族的新物种。比如，2012年，动物学家在非洲刚果发现了科学界完全未知的一种长尾猴！

虽然科学家们之前从来没见过这种长尾猴，但是当地的居民已经认识它们很久了，并且称它们为"勒苏拉"。
显然，这些狡猾的小家伙们努力地躲着动物学家
——它们可不想被分类和统计！

顺便说一句，勒苏拉猴长得特别像枭面长尾猴（这个名字很有趣吧）。枭面长尾猴的鼻子上有一道白色的条纹，所以它的脸就像猫头鹰一样。

虽然每只长尾猴都有所不同，
但是它们也有很多共同之处。

长尾猴一般生活在大家庭中。当然，公长尾猴和母长尾猴哪个当家做主，取决于不同的物种。而大家庭中的成员数量也是不同的——从5只到50只不等。

无论谁在家里说了算，年纪最大的
公长尾猴总是负责守护它的大家庭。

遇到危险的时候，它会用一种特殊的方式大喊，以此来发出警报。为了转移敌人的注意力，让敌人不再追逐自己的家人，它会跳到地上或者高高的树枝上，这样一来它就变得非常显眼，捕食者就会开始追逐它了。

这时，其余的猴子会赶紧悄悄地逃跑
或者躲到树冠上。等到整个大家庭
都安全以后，这只最年长的公猴
再跑去和家人团聚。

长尾猴不仅会利用声音信号来警告危险。在它们的词典中，还有很多不同的声音，可以用来表示食物、天气、鸟类、动物和人类。为了告诉同伴一些重要的事情，长尾猴会低声地呜呜叫、大喊、尖叫、叽叽地叫、发出呼噜声、断断续续地哼唧，或者发出磨牙声。

但是，和使用声音相比，长尾猴更经常使用面部表情和手势来表达自己的情绪。

它们和我们一样，难过了就会皱眉，开心了就会微笑。

通过长尾猴的小脸蛋儿，你就可以看出来它现在心情如何。比如，它挑起眉毛，耳朵向后牵拉着，狠狠地盯着它不喜欢的东西（或者人），那它一定很愤怒，充满敌意。

顺便说一句，如果一只长尾猴开始频繁地打哈欠，那不是因为它该睡觉了，而是因为它生气了。

长尾猴非常有礼貌，它们永远都不会忘记互相问候！和朋友见面时，有的长尾猴会互相亲吻，有的长尾猴会用嘴唇轻轻地互相抚摸，还有的长尾猴会用鼻子互相触摸，另外还有的长尾猴会拍拍朋友的肩膀。没错，看起来是不是很像人类呢？

当然，长尾猴非常聪明，而且善于交际，很有魅力！我真的很想和它们一起玩耍！

但是，我们可不能把猴子带回自己家，而是应该在热带雨林或者动物园里观赏它们。

到现在我还是搞不明白，到底是谁长得像谁呢？是我长得像你呢？还是你长得像我呢？你觉得呢？

再见啦！

记得到森林里来做客哦！

动物园里的朋友们

本套书共三辑，每辑 10 册，共 30 册。明星作者以第一人称讲故事的形式，展现每个动物最与众不同、最神奇可爱的一面，介绍了每种动物的种类、生活环境、形态特征、生活习性等各方面。让孩子们足不出户也能了解新奇有趣的动物知识。

第一辑（共 10 册）

我是企鹅　我是狐狸　我是刺猬　我是老虎　我是蝙蝠　我是山羊

我是松鼠　我是狮子　我是北极熊　我是大熊猫

第二辑（共 10 册）

我是海豚　我是河马　我是猫　我是蛇　我是长颈鹿　我是驼鹿

我是蚊子　我是蝴蝶　我是浣熊　我是麝鼹

第三辑（共 10 册）

我是小熊猫　我是大象　我是长尾猴　我是斗牛犬　我是考拉　我是树懒

我是袋熊　我是蚂蚁　我是老鼠　我是臭鼬

图书在版编目（CIP）数据

　　动物园里的朋友们．第三辑．我是长尾猴 /
（俄罗斯）鲍·格拉切夫斯基文；关俊博译．-- 南昌：
江西美术出版社，2020.11
　　ISBN 978-7-5480-7515-8

　　Ⅰ．①动… Ⅱ．①鲍… ②关… Ⅲ．①动物—儿童读
物②猴科—儿童读物 Ⅳ．① Q95-49

　　中国版本图书馆 CIP 数据核字 (2020) 第 067720 号

版权合同登记号 14-2020-0156
Я мартышка
© Grachevskiy B., text, 2016
© Smirnov J., illustrations, 2016
© Publisher Georgy Gupalo, design, 2016
© OOO Alpina Publisher, 2016
The author of idea and project manager Georgy Gupalo
Simplified Chinese copyright © 2020 by Beijing Balala Culture Development Co., Ltd.
The simplified Chinese translation rights arranged through Rightol Media （本书中文简体版权经由锐拓
传媒旗下小锐取得Email:copyright@rightol.com）

出 品 人：周建森
企　　划：北京江美长风文化传播有限公司
策　　划：巴拉拉
责任编辑：楚天顺 朱鲁巍
特约编辑：石　颖 吴　迪 王　毅
美术编辑：童　磊 周伶俐
责任印制：谭　勋

动物园里的朋友们（第三辑） 我是长尾猴
DONGWUYUAN LI DE PENGYOUMEN (DI SAN JI)　WO SHI CHANGWEIHOU

[俄]鲍·格拉切夫斯基 / 文　[俄]尤·斯米尔诺夫 / 图　关俊博 / 译

出　　版：江西美术出版社　　　　　　印　　刷：北京宝丰印刷有限公司
地　　址：江西省南昌市子安路 66 号　版　　次：2020 年 11 月第 1 版
网　　址：www.jxfinearts.com　　　　印　　次：2020 年 11 月第 1 次印刷
电子信箱：jxms163@163.com　　　　　开　　本：889mm×1194mm 1/16
电　　话：0791-86566274 010-82093785　总 印 张：20
发　　行：010-64926438　　　　　　　ISBN 978-7-5480-7515-8
邮　　编：330025　　　　　　　　　　定　　价：168.00 元（全 10 册）
经　　销：全国新华书店